0 1 **Turmfalke** *Falco tinnunculus*

0 1 **Raufußkauz** *Aegolius funereus*

0 1 **Waldohreule** *Asio otus*

0 1 **Mäusebussard** *Buteo buteo*

# Losungen und Gewölle

## im Vergleich

QUELLE & MEYER
BESTIMMUNGSKARTEN

**Elch**
*Alces alces*

**Gämse**
*Rupicapra rupicapra*

**Hase (normal)**
*Leporidae*

**Hase** (hoher Grünfutteranteil)
*Leporidae*

**Hase** (Weizenäsung)
*Leporidae*

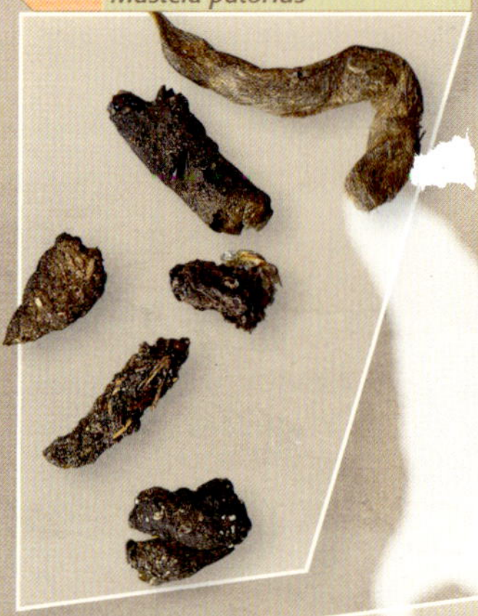

**Iltis**
*Mustela putorius*

**Steinmarder**
*Martes foina*

**Hermelin**
*Mustela erminea*

**Mauswiesel**
*Mustela nivalis*

**Europäisches Mufflon**
*Ovis gmelini musimon*

## … WALDTIEREN

0 1 **Nutria**
*Myocastor coypus*

0 1 **Reh**
*Capreolus capreolus*

0 1 **Reh (Rapsäsung)**
*Capreolus capreolus*

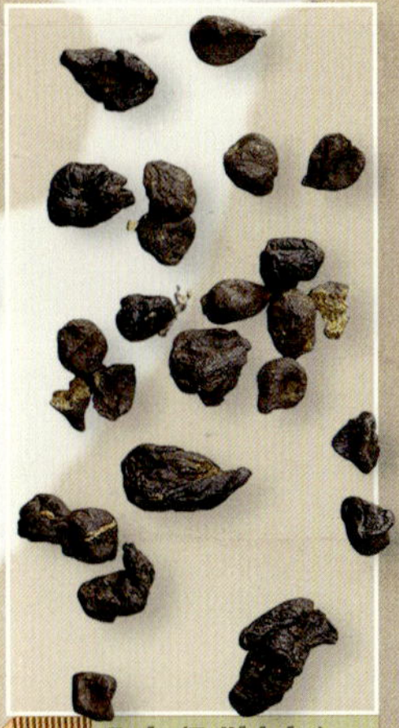

0 1 **Reh (Frühjahr)**
*Capreolus capreolus*

0 1 **Wanderratte**
*Rattus norvegicus*

0 1 **Fischotter**
*Lutra lutra*

0 1 **Rothirsch**
*Cervus elaphus*

0 1 **Rothirsch (Alttier)**
*Cervus elaphus*

0 1 **Wildkaninchen**
*Oryctolagus cuniculus*

0 1 **Wildschwein**
*Sus scrofa*

0 1 **Wildschwein (hoher Fleischanteil)**
*Sus scrofa*

**Gewölle von Turmfalken** *Foto: Frank-Uwe André*



**Bildnachweis:**
Alle Bilder stammen von Wolfgang Rohe.
U1 oben links: Wolfslosung mit aufgesetzter Fuchslosung; oben rechts: Damwildlosung; unten links: Fuchslosung

**Projektberatung und Zusammenstellung:** Wolfgang Rohe
**Druck**: Zimmermann Druck + Verlag GmbH

ISBN 978-3-494-01863-8
Best.-Nr.: 494-01863

9 783494 018638

QUELLE & MEYER BESTIMMUNGSKARTEN

## GEWÖLLE V

0 1 **Schleiereule** *Tyto alba*

0 1 **Steinkauz** *Athene noctua*

0 1 **Waldkauz** *Strix aluco*

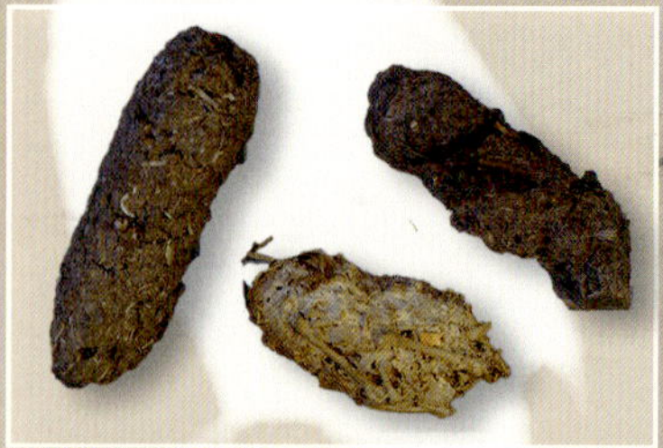

0 1 **Uhu** *Bubo bubo*

0 1 **Sperlingskauz** *Glaucidium passerinum*